BEI GRIN MACHT SICH IHR
WISSEN BEZAHLT

AF139875

- Wir veröffentlichen Ihre Hausarbeit,
  Bachelor- und Masterarbeit

- Ihr eigenes eBook und Buch -
  weltweit in allen wichtigen Shops

- Verdienen Sie an jedem Verkauf

Jetzt bei www.GRIN.com hochladen
und kostenlos publizieren

Bibliografische Information der Deutschen Nationalbibliothek:

Die Deutsche Bibliothek verzeichnet diese Publikation in der Deutschen National-
bibliografie; detaillierte bibliografische Daten sind im Internet über http://dnb.d-
nb.de/ abrufbar.

Dieses Werk sowie alle darin enthaltenen einzelnen Beiträge und Abbildungen
sind urheberrechtlich geschützt. Jede Verwertung, die nicht ausdrücklich vom
Urheberrechtsschutz zugelassen ist, bedarf der vorherigen Zustimmung des Verla-
ges. Das gilt insbesondere für Vervielfältigungen, Bearbeitungen, Übersetzungen,
Mikroverfilmungen, Auswertungen durch Datenbanken und für die Einspeicherung
und Verarbeitung in elektronische Systeme. Alle Rechte, auch die des auszugsweisen
Nachdrucks, der fotomechanischen Wiedergabe (einschließlich Mikrokopie) sowie
der Auswertung durch Datenbanken oder ähnliche Einrichtungen, vorbehalten.

Impressum:

Copyright © 2014 GRIN Verlag, Open Publishing GmbH
Druck und Bindung: Books on Demand GmbH, Norderstedt Germany
ISBN: 9783668260443

Dieses Buch bei GRIN:

http://www.grin.com/de/e-book/336383/einfuehrung-in-die-theorie-der-fourierreihen

Sarah Lehnhardt

Einführung in die Theorie der Fourierreihen

GRIN Verlag

GRIN - Your knowledge has value

Der GRIN Verlag publiziert seit 1998 wissenschaftliche Arbeiten von Studenten, Hochschullehrern und anderen Akademikern als eBook und gedrucktes Buch. Die Verlagswebsite www.grin.com ist die ideale Plattform zur Veröffentlichung von Hausarbeiten, Abschlussarbeiten, wissenschaftlichen Aufsätzen, Dissertationen und Fachbüchern.

Besuchen Sie uns im Internet:

http://www.grin.com/

http://www.facebook.com/grincom

http://www.twitter.com/grin_com

Seminararbeit

Einführung in die Theorie der Fourierreihen

Mai 2014

Inhaltsverzeichnis

1 Einleitung   **3**

2 Bestimmung der Fourierkoeffizienten   **4**
2.1   Die Methode von Euler-Fourier 4
2.2   Beispiel 8

3 Orthogonalität   **10**
3.1   Die verallgemeinerte Fourierreihe 12

4 Trigonometrische Interpolation   **13**

5 Dirichletsches Integral   **17**

6 Ein erster Fundamentalhilfssatz   **19**

Abbildungsverzeichnis

1   Diverse Audiosignale 3
2   Der Dreiecksimpuls 8
3   Approximation des Dreieckimpulses 10
4   Schnittpunkte von $\tan x$ mit cx 11

1 Einleitung

In der Wissenschaft kann man häufig periodische Vorgänge beobachten, z. B. Arbeitstakte einer Dampfmaschine, Wechselstrom oder die Atmung des Menschen.

Die folgende Grafik zeigt Aufzeichnungen von Audiosignalen verschiedener Instrumente. Die Schwingung, die durch die Stimmgabel erzeugt wird, ist sinusförmig. Mathemati-

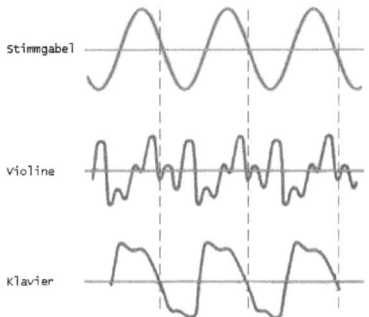

Abbildung 1: Diverse Audiosignale

sche Funktionen für die anderen beiden Schwingungen zu finden, ist hingegen schwierig. Daher approximiert man sie durch Fourierreihen.

Ziel der Fouriertransformation ist es, eine periodische, abschnittsweise stetige Funktion als eine Reihenentwicklung sinusförmiger Funktionen darzustellen:

$$f(x) \stackrel{!}{=} A_0 + A_1 \cdot \sin(x + \alpha_1) + A_2 \cdot \sin(2x + \alpha_2) + A_3 \cdot \sin(3x + \alpha_3) + \dots$$

$$= A_0 + \sum_{n=1}^{\infty} A_n \cdot \sin(nx + \alpha_n) \tag{1}$$

Dabei sind die A_m ($m = 0, 1, 2, \dots$) und α_n ($n = 1, 2, 3, \dots$) Konstanten. Sie strecken bzw. stauchen und verschieben die herkömmliche Sinusfunktion $\sin(t)$. Der Faktor vor dem x bestimmt die Periodenlänge der einzelnen Komponenten.

Da die Funktion $f(\cdot)$ aus einzelnen harmonischen Funktionen zusammengesetzt wird, nennt man diese auch harmonische Komponenten oder (entsprechend ihrer Periode) auch erste, zweite bzw. n-te Harmonische.

Durch Anwendung von Additionstheoremen von Sinusfunktionen

$$A_n \cdot \sin(nx + \alpha_n) = A_n \cdot [\sin(nx) \cdot \cos(\alpha_n) + \cos(nx) \cdot \sin(\alpha_n)]$$
$$= \underbrace{A_n \cdot \cos(\alpha_n)}_{=:b_n} \cdot \sin(nx) + \underbrace{A_n \cdot \sin(\alpha_n)}_{=:a_n} \cdot \cos(nx)$$

für $n = 1, 2, 3, \ldots$ und indem man $a_0 := A_0$ setzt, erhält man die *Normalform* einer trigonometrischen Reihe:

$$f(x) = a_0 + \sum_{n=1}^{\infty} (a_n \cdot \cos(nx) + b_n \cdot \sin(nx)), \tag{2}$$

wobei die Konstanten a_m und b_n mit $m = 0, 1, 2, \ldots$ bzw. $n = 1, 2, \ldots$ als *Fourierkoeffizienten* bezeichnet werden.

2 Bestimmung der Fourierkoeffizienten

Für die Betrachtungen in dieser Arbeit seien folgende Voraussetzungen erfüllt:

- gegebene Funktion hat die Periode $T = 2\pi$

- Hat die gegebene Funktion $\varphi(t)$ die Periode $T \neq 2\pi$, so kann man $\varphi(t)$ in eine Funktion $f(x)$ mit der *Standardperiode* 2π transformieren: Setze $x := \omega t$, wobei $\omega := \frac{2\pi}{T}$ die *Kreisfrequenz* ist.

$$\Rightarrow f(x) := \varphi\left(\frac{x}{\omega}\right)$$

- $f(x)$ ist im Intervall $[-\pi, \pi]$ eigentlich oder uneigentlich integrierbar

- $f(x)$ ist im Intervall $[-\pi, \pi]$ absolut integrierbar

2.1 Die Methode von Euler-Fourier

Entgegen der üblichen Vorgehensweise bei Beweisen wird bei der Herleitung der Fourierkoeffizienten angenommen, dass eine Entwicklung der Form (2) gegeben ist. Weiterhin setzt man voraus, dass Integration und Summation vertauscht werden können, d. h. die unendliche Reihe sei gleichmäßig konvergent. Dann folgt

$$\int_{-\pi}^{\pi} f(x)\,\mathrm{d}x = \int_{-\pi}^{\pi}\left(a_0 + \sum_{n=1}^{\infty}(a_n \cdot \cos(nx) + b_n \cdot \sin(nx))\right)\,\mathrm{d}x$$

$$= 2\pi \cdot a_0 + \sum_{n=1}^{\infty} a_n \int_{-\pi}^{\pi}\cos(nx)\,\mathrm{d}x + \sum_{n=1}^{\infty} b_n \int_{-\pi}^{\pi}\sin(nx)\,\mathrm{d}x.$$

Für beliebiges $m \in \mathbb{N}$ und $n \in \mathbb{N}\backslash\{0\}$ gilt offensichtlich

$$\int_{-\pi}^{\pi}\cos(nx)\,\mathrm{d}x = \left.\frac{\sin(nx)}{n}\right|_{-\pi}^{\pi} = 0 - 0 = 0 \tag{3}$$

und

$$\int_{-\pi}^{\pi}\sin(mx)\,\mathrm{d}x = \left.\frac{-\cos(mx)}{m}\right|_{-\pi}^{\pi} = \frac{-\cos(m\pi)}{m} + \frac{\cos(-m\pi)}{m} = 0, \tag{4}$$

da der Kosinus eine gerade Funktion ist, also $\cos(m\pi) = \cos(-m\pi)$ gilt. Somit folgt

$$a_0 = \frac{1}{2\pi}\int_{-\pi}^{\pi} f(x)\,\mathrm{d}x. \tag{5}$$

Um nun die Koeffizienten a_m für $m = 1, 2, 3, \ldots$ zu bestimmen, multipliziert man Gleichung (2) mit $\cos(mx)$ und integriert wieder über das Intervall $[-\pi, \pi]$:

$$\int_{-\pi}^{\pi} f(x)\cos(mx)\,\mathrm{d}x$$

$$= a_0 \underbrace{\int_{-\pi}^{\pi}\cos(mx)\,\mathrm{d}x}_{=0} + \sum_{n=1}^{\infty} a_n \int_{-\pi}^{\pi}\cos(nx)\cdot\cos(mx)\,\mathrm{d}x + \sum_{n=1}^{\infty} b_n \int_{-\pi}^{\pi}\sin(nx)\cdot\cos(mx)\,\mathrm{d}x.$$

Durch Anwendung von Sinus- und Kosinusgesetzen erhält man

$$\int\limits_{-\pi}^{\pi} \sin(nx) \cdot \cos(mx)\ \mathrm{d}x$$

$$= \frac{1}{2}\int\limits_{-\pi}^{\pi} [\sin(nx)\cos(mx) + \cos(nx)\sin(mx)] + [\sin(nx)\cos(mx) - \cos(nx)\sin(mx)]\ \mathrm{d}x$$

$$= \frac{1}{2}\int\limits_{-\pi}^{\pi} \sin(x(n+m)) + \sin(x(n-m))\ \mathrm{d}x$$

$$= \frac{1}{2}\underbrace{\int\limits_{-\pi}^{\pi} \sin(x(n+m))\ \mathrm{d}x}_{=0\ \text{nach (4)}} + \frac{1}{2}\underbrace{\int\limits_{-\pi}^{\pi} \sin(x(n-m))\ \mathrm{d}x}_{=0} = 0$$

$$(6)$$

bzw.

$$\int\limits_{-\pi}^{\pi} \cos(nx) \cdot \cos(mx)\ \mathrm{d}x = \frac{1}{2}\int\limits_{-\pi}^{\pi} \cos(x(n+m)) + \cos(x(n-m))\ \mathrm{d}x$$

$$= \frac{1}{2}\underbrace{\int\limits_{-\pi}^{\pi} \cos(x(n+m))\ \mathrm{d}x}_{=0\ \text{wegen (3)}} + \frac{1}{2}\underbrace{\int\limits_{-\pi}^{\pi} \cos(x(n-m))\ \mathrm{d}x}_{=0} = 0$$

$$(7)$$

für $n \neq m$. Ist hingegen $n = m$, so ergibt sich

$$\int\limits_{-\pi}^{\pi} \cos(mx)\cos(mx)\ \mathrm{d}x = \frac{1}{2}\int\limits_{-\pi}^{\pi} \cos(x(m-m)) + \cos(x(m+m))\ \mathrm{d}x$$

$$= \frac{1}{2}\int\limits_{-\pi}^{\pi} 1 + \cos(2mx)\ \mathrm{d}x = \frac{1}{2}2\pi + \frac{1}{2}\underbrace{\int\limits_{-\pi}^{\pi} \cos(2mx)\ \mathrm{d}x}_{=0\ \text{wegen (3)}}$$

$$(8)$$

$$= \pi.$$

Mit (6), (7) und (8) folgt nun

$$\int_{-\pi}^{\pi} f(x)\cos(mx)\,\mathrm{d}x = a_m \cdot \pi$$

und somit

$$a_m = \frac{1}{\pi}\int_{-\pi}^{\pi} f(x)\cos(mx)\,\mathrm{d}x. \tag{9}$$

Zur Bestimmung der Koeffizienten b_m $(m = 1, 2, 3, ...)$ verfährt man ähnlich. Gleichung (2) wird mit $\sin(mx)$ multipliziert und anschließend integriert man wieder über $[-\pi, \pi]$:

$$\int_{-\pi}^{\pi} f(x)\sin(mx)\,\mathrm{d}x$$

$$= a_0 \underbrace{\int_{-\pi}^{\pi} \sin(mx)\,\mathrm{d}x}_{=0 \text{ laut } (4)} + \underbrace{\sum_{n=1}^{\infty} a_n \int_{-\pi}^{\pi} \cos(nx)\cdot\sin(mx)\,\mathrm{d}x}_{=0 \text{ nach } (6)} + \sum_{n=1}^{\infty} b_n \int_{-\pi}^{\pi} \sin(nx)\cdot\sin(mx)\,\mathrm{d}x.$$

Daher betrachtet man nun

$$\left.\begin{aligned}
\int_{-\pi}^{\pi} \sin(nx)\cdot\sin(mx)\,\mathrm{d}x &= \frac{1}{2}\int_{-\pi}^{\pi} \cos((n-m)x) - \cos((n+m)x)\,\mathrm{d}x \\
&= \frac{1}{2}\int_{-\pi}^{\pi} \cos((n-m)x)\,\mathrm{d}x - 0 \quad (\text{wegen } (3)).
\end{aligned}\right\} \tag{10}$$

Ist $n \neq m$, so ist das Integral wegen (3) Null. Andernfalls hat das Integral den Wert π. Also folgt

$$b_m = \frac{1}{\pi}\int_{-\pi}^{\pi} f(x)\sin(mx)\,\mathrm{d}x. \tag{11}$$

Durch (5), (9) und (11) kann man nun die Fourierkoeffizienten der Funktion $f(x)$ bestimmen.

An dieser Stelle sei nochmals auf die getroffenen Annahmen verwiesen. Ohne die Voraussetzung der gleichmäßigen Konvergenz kann man keine Aussage darüber treffen, ob

7

eine Reihenentwicklung der Form (2) für eine gegebene Funktion f existiert. Da die Konvergenz der Reihe in dieser Arbeit nicht betrachtet wird, kann man nur formal von einer durch eine periodische Funktion f erzeugten Reihen sprechen. Ob diese Reihe auch gegen den Funktionswert $f(x)$ konvergiert, sei an dieser Stelle außen vor gelassen.

2.2 Beispiel

Um neben dem theoretischen Aspekt auch die Anwendbarkeit von Fourierreihen darzustellen, wird nun für die Funktion $f(x) = \pi - |x|$ mit $-\pi \leq x \leq \pi$ die Reihenentwicklung betrachtet. Um eine periodische Funktion zu erhalten, wird diese auf ganz $\mathbb{R}$ fortgesetzt:

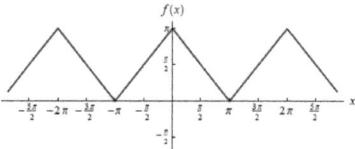

Abbildung 2: Der Dreiecksimpuls

Es werden nun die Fourierkoeffizienten berechnen:

$$a_0 = \frac{1}{2\pi} \int\limits_{-\pi}^{\pi} f(x) \,\mathrm{d}x = \frac{1}{2\pi} \int\limits_{-\pi}^{0} \pi + x \,\mathrm{d}x + \frac{1}{2\pi} \int\limits_{0}^{\pi} \pi - x \,\mathrm{d}x$$

$$= \frac{1}{2\pi} \left(\pi x + \frac{x^2}{2} \Big|_{-\pi}^{0} + \pi x - \frac{x^2}{2} \Big|_{0}^{\pi} \right) = \frac{1}{2\pi} \left(\pi^2 - \frac{\pi^2}{2} + \pi^2 - \frac{\pi^2}{2} \right)$$

$$= \frac{\pi}{2},$$

$$a_m = \frac{1}{\pi} \int_{-\pi}^{\pi} f(x) \cos(mx) \, dx = \underbrace{\int_{-\pi}^{\pi} \cos(mx) \, dx}_{=0} + \frac{1}{\pi} \left(\int_{-\pi}^{0} x \cos(mx) \, dx - \int_{0}^{\pi} x \cos(mx) \, dx \right)$$

$$= \frac{1}{\pi} \left(\int_{-\pi}^{0} x \cos(mx) \, dx + \int_{\pi}^{0} x \cos(mx) \, dx \right)$$

$$= \frac{1}{\pi} \left(\int_{-\pi}^{0} x \cos(mx) \, dx + \int_{-\pi}^{0} -y \underbrace{\cos(-my)}_{=\cos(my)} \cdot (-1) \, dy \right) = \frac{2}{\pi} \int_{-\pi}^{0} x \cos(mx) \, dx$$

$$= \frac{2}{\pi} \left(x \frac{\sin(mx)}{m} \Big|_{-\pi}^{0} - \int_{-\pi}^{0} 1 \cdot \frac{\sin(mx)}{m} \, dx \right) = 0 + \frac{2}{\pi} \frac{\cos(mx)}{m^2} \Big|_{-\pi}^{0} = \frac{2(1 - \cos(-m\pi))}{\pi \cdot m^2}$$

$$= \begin{cases} 0 & \text{wenn m gerade} \\ 4/(\pi \cdot m^2) & \text{wenn m ungerade} \end{cases} \quad (m = 1, 2, 3, \ldots)$$

$$b_m = \frac{1}{\pi} \int_{-\pi}^{\pi} f(x) \sin(mx) \, dx = \frac{1}{\pi} \left(\underbrace{\int_{-\pi}^{\pi} \pi \cdot \sin(mx) \, dx}_{=0} + \int_{-\pi}^{0} x \sin(mx) \, dx + \int_{0}^{\pi} -x \sin(mx) \, dx \right)$$

$$= \frac{1}{\pi} \left(\int_{-\pi}^{0} x \sin(mx) \, dx + \int_{\pi}^{0} x \sin(mx) \, dx \right)$$

$$= \frac{1}{\pi} \left(\int_{-\pi}^{0} x \sin(mx) \, dx + \int_{-\pi}^{0} -y \underbrace{\sin(-my)}_{=-\sin(my)} \cdot (-1) \, dy \right)$$

$$= 0 \quad (m = 1, 2, 3, \ldots).$$

Hinweis: Ist $f(x)$ eine gerade Funktion, so sind die Koeffizienten b_m ($m = 1, 2, \ldots$) immer Null. Analog gilt für ungerade Funktionen $a_n = 0$ ($n = 0, 1, 2, \ldots$).

Die Fourierreihe ergibt sich also als

$$g(x) := \frac{\pi}{2} + \sum_{n=0}^{\infty} \frac{4 \sin((2n+1)x)}{(2n+1)^2 \pi}. \tag{12}$$

9

In der Praxis betrachtet man oft nur eine bestimmten Anzahl von Gliedern der Reihe und erhält somit eine Approximation. Bricht man Reihe(12) nach drei Gliedern ab, ergibt sich ein trigonometrisches Polynom $g_3(x) = \frac{\pi}{2} + \frac{4}{\pi}\cos(x) + \frac{4}{9\pi}\cos(3x)$. In der folgenden Grafik sieht man, dass dieses Polynom die gegebene Funktion $f(x)$ schon recht gut approximiert.

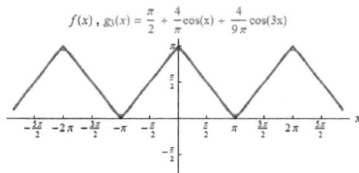

Abbildung 3: Approximation des Dreieckimpulses

3 Orthogonalität

Zwei Elemente $x, y \in X$ eines Vektorraumes X heißen *orthogonal* zueinander, wenn ihr Skalarprodukt Null ist, also $\langle x, y \rangle = 0$.

Betrachtet man $X = C[a, b]$, so ist das Skalarprodukt zweier Funktionen $f, g \in X$ definiert als

$$\langle f, g \rangle = \int\limits_a^b f(x)g(x)\ \mathrm{d}x.$$

Ein System von Funktionen $\{\varphi_n(x)\}$, die paarweise orthogonal zueinander sind, nennt man *Orthogonalsystem*. Gilt zudem $\langle \varphi_n, \varphi_n \rangle = 1$ für alle $n \in \mathbb{N}$, so spricht man von einen *Orthonormalsystem*.

Anhand der Erkenntnisse aus Kapitel 2.1 erkennt man, dass die sogenannten *trigonometrischen Basisfunktionen* $\{1, \sin(x), \sin(2x), ..., \cos(x), \cos(2x), \cos(3x), ...\}$ auf dem Intervall $[-\pi, \pi]$ ein Orthogonalsystem bilden. Dazu sei auf die Formeln (3), (4), (6), (7) und (10) verwiesen. Hierbei handelt es sich allerdings nicht um ein Ortho*normal*system. Man kann es leicht normieren, indem man jede Funktion f des Systems durch ihre Norm $\|f\| = \sqrt{\langle f, f \rangle}$ dividiert.

Betrachtet man nun das verkürzte Intervall $[0, \pi]$, so bilden die trigonometrischen Basisfunktionen hier kein Orthogonalsystem, denn beispielsweise gilt

$$\int\limits_0^\pi \sin(x)\cos(2x)\,\mathrm{d}x = -\frac{2}{3} \neq 0.$$

Allerdings bildet jedes der Teilsysteme $\{1, \cos(x), \cos(2x), ...\}$ und $\{\sin(x), \sin(2x), \sin(3x), ...\}$ im Intervall $[0, \pi]$ ein Orthogonalsystem. Auf den Beweis wird an dieser Stelle aufgrund des Umfangs der Arbeit verzichtet.

Im Folgenden wird ein weiteres trigonometrisches Orthogonalsystem betrachtet.

Beispiel 1. Für beliebiges $c \in \mathbb{R}$ hat die Gleichung $\tan \xi = c \cdot \xi$ unendlich viele positive Wurzeln $\xi_n \geq 0$, $(n \in \mathbb{N})$. Dann bildet das System $\{\sin\left(\frac{\xi_i}{\ell} \cdot x\right) : i \in \mathbb{N}\}$ für $\ell > 0$ ein

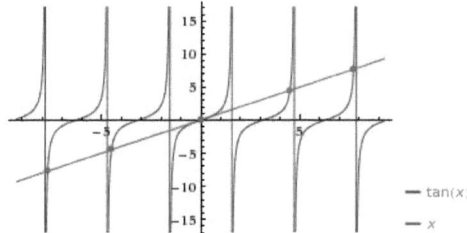

Abbildung 4: Schnittpunkte von $g(x) = \tan x$ mit $h(x) = x$

Orthogonalsystem auf $[0, \ell]$.

Für den Beweis betrachtet man $\alpha, \beta \in \mathbb{R}$ mit $\alpha \neq \beta$. Es gilt

$$\int\limits_0^\ell \sin(\alpha x) \cdot \sin(\beta x)\,\mathrm{d}x = \frac{1}{2}\int\limits_0^\ell \cos(\alpha x - \beta x) - \cos(\alpha x + \beta x)\,\mathrm{d}x$$

$$= \frac{1}{2}\left[\frac{\sin(\alpha x - \beta x)}{\alpha - \beta} - \frac{\sin(\alpha x + \beta x)}{\alpha + \beta}\right]_0^\ell$$

$$= \frac{1}{2}\frac{(\alpha + \beta)\sin\left((\alpha - \beta)\ell\right) - (\alpha - \beta)\sin\left((\alpha + \beta)\ell\right)}{\alpha^2 - \beta^2}.$$

11

Vorerst wird nur der Zähler dieser Bruchs weiter behandelt:

$$(\alpha + \beta) \sin\left((\alpha - \beta)\ell\right) - (\alpha - \beta) \sin\left((\alpha + \beta)\ell\right)$$

$$= (\alpha + \beta) \left[\sin(\alpha\ell) \cos(\beta\ell) - \cos(\alpha\ell) \sin(\beta\ell)\right] - (\alpha - \beta) \left[\sin(\alpha\ell) \cos(\beta\ell) + \cos(\alpha\ell) \sin(\beta\ell)\right]$$

$$= 2\beta \sin(\alpha\ell) \cos(\beta\ell) - 2\alpha \cos(\alpha\ell) \sin(\beta\ell).$$

Weiter gilt $\sin(t) = \tan(t) \cdot \cos(t)$ für beliebiges $t \in \mathbb{R}$. Setzt man nun die obigen Erkenntnisse wieder in den Quotienten ein, so ergibt sich

$$\frac{1}{2} \frac{(\alpha + \beta) \sin\left((\alpha - \beta)\ell\right) - (\alpha - \beta) \sin\left((\alpha + \beta)\ell\right)}{\alpha^2 - \beta^2}$$

$$= \frac{\beta \sin(\alpha\ell) \cos(\beta\ell) - \alpha \cos(\alpha\ell) \sin(\beta\ell)}{\alpha^2 - \beta^2}$$

$$= \frac{\beta \tan(\alpha\ell) \cos(\alpha\ell) \cos(\beta\ell) - \alpha \cos(\alpha\ell) \tan(\beta\ell) \cos(\beta\ell)}{\alpha^2 - \beta^2}$$

$$= \cos(\alpha\ell) \cos(\beta\ell) \cdot \frac{\beta \tan(\alpha\ell) - \alpha \tan(\beta\ell)}{\alpha^2 - \beta^2}$$

Setze $\alpha = \frac{\xi_n}{\ell}$ und $\beta = \frac{\xi_m}{\ell}$ mit $n \neq m$. Es folgt

$$\int_0^\ell \sin(\alpha x) \sin(\beta x) \, \mathrm{d}x = \cos(\alpha\ell) \cos(\beta\ell) \cdot \frac{\beta \tan(\alpha\ell) - \alpha \tan(\beta\ell)}{\alpha^2 - \beta^2}$$

$$= \cos(\xi_n) \cos(\xi_m) \cdot \frac{\ell^2}{\ell} \cdot \frac{\xi_m \tan(\xi_n) - \xi_n \tan(\xi_m)}{\xi_n^2 - \xi_m^2}$$

$$= \ell \cdot \cos(\xi_n) \cos(\xi_m) \cdot \frac{\xi_m \cdot c\xi_n - \xi_n \cdot c\xi_m}{\xi_n^2 - \xi_m^2}$$

$$= 0.$$

Damit ist die Orthogonalität des Systems $\{\sin\left(\frac{\xi_i}{\ell} \cdot x\right) : i \in \mathbb{N}\}$ für $\ell > 0$ auf dem Intervall $[0, \ell]$ gezeigt.

3.1 Die verallgemeinerte Fourierreihe

Man hat gesehen, dass die Basisfunktionen der Fourierreihe ein Orthogonalsystem bilden. Dieses Kapitel wird sich mit der umgekehrten Fragestellung beschäftigen: Kann man eine gegebene Funktion $f(x)$ in eine Reihe nach Funktionen $\varphi_n(x)$ entwickeln, wenn diese

Funktionen ein Orthogonalsystem bilden?

Gegeben sei also ein Intervall $[a, b]$, eine Funktion $f(x)$, die auf diesem Intervall definiert ist und ein Orthogonalsystem $\{\varphi_n(x)\}$, d. h. es gilt für $n, m \in \mathbb{N}$ mit $n \neq m$:

$$\int_a^b \varphi_n(x) \cdot \varphi_m(x) \, \mathrm{d}x = 0. \tag{13}$$

Um die Koeffizienten c_i der Reihe

$$f(x) = c_0\varphi_0(x) + c_1\varphi_1(x) + c_2\varphi_2(x) + \ldots = \sum_{i=0}^{\infty} c_i\varphi_i(x) \tag{14}$$

zu bestimmen, geht man analog zum Verfahren von Euler-Fourier vor. Beide Seiten der Gleichung (13) werden mit $\varphi_m(x)$ multipliziert und dann gliedweise integriert:

$$\int_a^b f(x) \cdot \varphi_m(x) \, \mathrm{d}x = \sum_{n=0}^{\infty} c_n \int_a^b \varphi_n(x) \cdot \varphi_m(x) \, \mathrm{d}x \overset{(12)}{=} c_m \int_a^b (\varphi_m(x))^2 \, \mathrm{d}x =: c_m \cdot \lambda_m = \langle \varphi_m, \varphi_m \rangle.$$

Folglich ergibt sich

$$c_m = \frac{1}{\lambda_m} \int_a^b f(x) \cdot \varphi_m(x) \, \mathrm{d}x. \tag{15}$$

Man erkennt leicht, dass die Formeln (5), (9) und (11) Spezialfälle von (15) sind. Daher wird (14) auch die *verallgemeinerte Fourierreihe* von $f(x)$ bzgl. $\{\varphi_n(x)\}$ genannt, bzw. die Koeffizienten c_n die *verallgemeinerten Fourierkoeffizienten*.

Auch bei dieser Herleitung wurde wieder angenommen, dass Integration und Summation vertauschen darf. Über Konvergenz wird auch in diesem Fall keine Aussage getroffen.

4 Trigonometrische Interpolation

Dieses Kapitel beschäftigt sich im Gegensatz zu den vorherigen mit endlichen trigonometrischen Reihen, also mit einem trigonometrischen Polynom.

Gerade in Anwendungen hat man häufig nur diskrete Messwerte. Um den Kurvenverlauf zu approximieren wird ein trigonometrisches Polynom gesucht, das in bestimmten Punkten mit den Messwerten übereinstimmt.

Ein Polynom n-ter Ordnung, der Form

$$g_n(x) = \alpha_0 + \sum_{k=1}^{n} [\alpha_k \cos(kx) + \beta_k \sin(kx)] \tag{16}$$

kann eindeutig als Approximation einer Funktion $f(x)$ bestimmt werden, wenn von $2n+1$ Stützstellen im Intervall $(-\pi, \pi)$ die Funktionswerte vorgegeben sind. Sind die Stützstellen äquidistant, so spricht man auch von einer *diskreten Fouriertransformation*. Es seien die Stützstellen gegeben durch

$$\xi_i = i\lambda := \frac{2\pi i}{2n+1} \quad (i = -n, -n+1, \dots -1, 0, 1, \dots, n-1, n). \tag{17}$$

Man erhält nun ein lineares Gleichungssystem bestehend aus $2n+1$ Gleichungen der Form

$$\alpha_0 + \sum_{k=1}^{n} [\alpha_k \cos(k\xi_i) + \beta_k \sin(k\xi_i)] = f(\xi_i) \tag{18}$$

mit $i = -n, -n+1, \dots -1, 0, 1, \dots, n-1, n$. Zur Lösung dieses Gleichungssystems benötigt man eine wichtige elementare trigonometrische Beziehung:

Satz 1. *(Die trigonometrische Identität)*
Für beliebiges $h \in \mathbb{R}$ und $n \in \mathbb{N}$ gilt die trigonometrische Identität

$$\frac{1}{2} + \sum_{i=1}^{n} \cos(ih) = \frac{\sin((n + \frac{1}{2})h)}{2\sin(\frac{h}{2})}. \tag{19}$$

Beweis. Durch Anwendung von Sinus- und Kosinusgesetzen ergibt sich

$$\sin\left(\frac{h}{2}\right) + \sum_{i=1}^{n} 2\sin\left(\frac{h}{2}\right)\cos(ih)$$

$$= \sin\left(\frac{h}{2}\right) + \sum_{i=1}^{n} \left[\sin\left(\frac{h}{2}\right)\cos(ih) + \cos\left(\frac{h}{2}\right)\sin(ih) + \sin\left(\frac{h}{2}\right)\cos(ih) - \cos\left(\frac{h}{2}\right)\sin(ih)\right]$$

$$= \sin\left(\frac{h}{2}\right) + \sum_{i=1}^{n} \left[\sin\left(h\left(i + \frac{1}{2}\right)\right) - \sin\left(h\left(i - \frac{1}{2}\right)\right)\right]$$

$$= \sin\left(\frac{h}{2}\right) - \sin\left(h\left(\frac{1}{2}\right)\right) + \sin\left(h\left(n + \frac{1}{2}\right)\right) = \sin\left(h\left(n + \frac{1}{2}\right)\right)$$

und somit folgt direkt die Behauptung. $\qquad\square$

Mithilfe der soeben bewiesenen Identität kann man nun das Gleichungssystem (18) lösen. Man addiere alle $2n + 1$ Gleichungen von (18):

$$\sum_{i=-n}^{n} f(\xi_i) = \sum_{i=-n}^{n} \left(\alpha_0 + \sum_{k=1}^{n} [\alpha_k \cos(k\xi_i) + \beta_k \sin(k\xi_i)] \right)$$

$$= (2n+1)\alpha_0 + \sum_{k=1}^{n} \left(\alpha_k \sum_{i=-n}^{n} \cos(k\xi_i) + \beta_k \sum_{i=-n}^{n} \sin(k\xi_i) \right). \quad (20)$$

Da $\sin(x)$ eine ungerade Funktion ist, gilt $\sin(-x) = -\sin(x)$. Somit folgt

$$\sum_{i=-n}^{n} \sin(k\xi_i) = \sum_{i=-n}^{-1} \sin(k\xi_i) + \sum_{i=1}^{n} \sin(k\xi_i) = \sum_{i=1}^{n} \sin(k(-\xi_i)) + \sum_{i=1}^{n} \sin(k\xi_i) = 0.$$

Für den Kosinus gilt hingegen $\cos(x) = \cos(-x)$, da er eine gerade Funktion ist und es folgt

$$\sum_{i=-n}^{n} \cos(k\xi_i) = 1 + 2\sum_{i=1}^{n} \cos(ki\lambda) \overset{(19)}{=} 2\frac{\sin\left(k\lambda\left(n + \frac{1}{2}\right)\right)}{2\sin\left(\frac{k\lambda}{2}\right)}$$

$$= \frac{\sin\left(\frac{2\pi}{2n+1}\left(n + \frac{1}{2}\right)\right)}{\sin\left(\frac{k\lambda}{2}\right)} = \frac{\sin(k\pi)}{\sin\left(\frac{k\lambda}{2}\right)} = 0.$$

Mit (20) folgt nun

$$\alpha_0 = \frac{1}{2n+1} \sum_{i=-n}^{n} f(\xi_i). \quad (21)$$

Um die Koeffizienten α_m für $m \in [1, n]$ zu bestimmen, multipliziert man (18) mit $\cos(m\xi_i)$

und addiert dann wieder alle Gleichungen für $-n \leq i \leq n$ auf:

$$\sum_{i=-n}^{n} f(\xi_i) \cos(m\xi_i)$$

$$= \alpha_0 \underbrace{\sum_{i=-n}^{n} \cos(m\xi_i)}_{=0} + \sum_{k=1}^{n} \left(\alpha_k \sum_{i=-n}^{n} \cos(k\xi_i) \cos(m\xi_i) + \beta_k \sum_{i=-n}^{n} \sin(k\xi_i) \cos(m\xi_i) \right)$$

$$= \sum_{k=1}^{n} \left(\alpha_k \sum_{i=-n}^{n} \cos(k\xi_i) \cos(m\xi_i) + \beta_k \left[\sum_{i=-n}^{-1} \underbrace{\sin(k\xi_i)}_{=-\sin(k\xi_{-i})} \cos(m\xi_i) + \sum_{i=1}^{n} \sin(k\xi_i) \cos(m\xi_i) \right] \right)$$

$$= \sum_{k=1}^{n} \left(\alpha_k \sum_{i=-n}^{n} \cos(k\xi_i) \cos(m\xi_i) \right) = \sum_{k=1}^{n} \alpha_k \left(\frac{1}{2} \underbrace{\sum_{i=-n}^{n} \cos((k+m)\xi_i)}_{=0} + \frac{1}{2} \sum_{i=-n}^{n} \cos((k-m)\xi_i) \right)$$

$$= \sum_{k=1}^{n} \left(\frac{\alpha_k}{2} \underbrace{\sum_{i=-n}^{n} \cos((k-m)\xi_i)}_{=0 \text{ für } k \neq m} \right) = \frac{\alpha_m}{2} \cdot (2n+1).$$

Also ist

$$\alpha_m = \frac{2}{2n+1} \sum_{i=-n}^{n} f(\xi_i) \cos(m\xi_i). \tag{22}$$

Zur Bestimmung der Koeffizienten $\beta_m (m = 1, 2, ..., n)$ verfährt man völlig analog: Man multipliziert (18) mit $\sin(m\xi_i)$ und addiert dann wieder alle Gleichungen auf. Dadurch erhält man

$$\beta_m = \frac{2}{2n+1} \sum_{i=-n}^{n} f(\xi_i) \sin(m\xi_i). \tag{23}$$

Wie man sieht, ist das Verfahren zur Bestimmung der Koeffizienten ähnlich der Methode von Euler-Fourier. Der Unterschied besteht darin, dass man hier über $2n+1$ Punkte des Intervalls $(-\pi, \pi)$ aufsummiert und bei Euler-Fourier über $[-\pi, \pi]$ integriert. Im Fall der trigonometrischen Interpolation ist das Vertauschen der Summen legitim, da es sich um endliche Reihen handelt. Demnach sind alle Schritte des Verfahrens einwandfrei und $f(x)$ wird auch wirklich durch das Polynom approximiert.

Nun kommt die Frage auf, was passiert für $n \to \infty$? Das Interpolationspolynom bekommt mehr Glieder und demnach werden sich auch die Werte der Koeffizienten ändern, aber die Werte des Polynoms werden in mehr Punkten mit denen der Funktion f übereinstimmen, da das Gleichungssystem $2n + 1$ Gleichungen enthält.

Man zerlege nun für diese Überlegungen das Intervall $[-\pi, \pi]$ in $2n + 1$ Teilintervalle $[x_i, x_{i+1}]$ mit $x_i = (2i - 1)\frac{\pi}{2n+1}$, $(-n \leq i \leq n + 1)$. Dann sind die ξ_i die Mittelpunkte dieser Teilintervalle:

$$\frac{x_i + x_{i+1}}{2} = \frac{1}{2}\frac{\pi(2i - 1 + 2(i + 1) - 1)}{2n + 1} = \frac{1}{2}\frac{\pi 4i}{2n + 1} = \frac{2i\pi}{2n + 1} = \xi_i.$$

Setze $\Delta_i = \lambda = \frac{2\pi}{2n+1}$. Dann ist Δ_i die Intervalllänge. Man forme nun die Gleichungen für $\alpha_m (m = 0, 1, ..., n)$ und $\beta_k (k = 1, 2, ..., n)$ um in:

$$\alpha_0 = \frac{1}{2\pi} \sum_{i=-n}^{n} f(\xi_i)\Delta_i \to \frac{1}{2\pi} \int_{-\pi}^{\pi} f(x)\, \mathrm{d}x = a_0$$

$$\alpha_m = \frac{1}{\pi} \sum_{i=-n}^{n} f(\xi_i)\Delta_i \cos(m\xi_i) \to \frac{1}{\pi} \int_{-\pi}^{\pi} f(x)\cos(mx)\, \mathrm{d}x = a_m$$

$$\beta_k = \frac{1}{\pi} \sum_{i=-n}^{n} f(\xi_i)\Delta_i \sin(k\xi_i) \to \frac{1}{\pi} \int_{-\pi}^{\pi} f(x)\sin(kx)\, \mathrm{d}x = b_k$$

Die Summen sind Integralsummen, die bekanntlich für $n \to \infty$ gegen das Integral über dem Intervall $[-\Pi, \Pi]$ streben. Diese Grenzwerte sind aber gerade die in Kapitel 2 hergeleiteten Fourierkoeffizienten. Für $n \to \infty$ geht das Interpolationspolynom in die Fourierreihe über.

5 Dirichletsches Integral

Das letzte Ergebnis motiviert weiterhin, die Fourierreihe einer Funktion auf ihr Konvergenzverhalten zu untersuchen. Mit der notwendigen Konvergenz beschäftigt sich das letzte Kapitel. Im Vorfeld werden allerdings erst noch die Partialsummen der Fourierreihe betrachtet.

Die getroffenen Voraussetzungen bestehen weiterhin: Die Funktion $f(x)$ habe die Periode 2π und sei im Intervall $[\pi, \pi]$ absolut integrierbar. Da f periodisch ist, ist die Funktion somit auch in jedem beliebigen *endlichen* Intervall absolut integrierbar. Weiterhin gilt

17

für periodische Funktionen $F(u)$ mit der Standardperiode und beliebiges $c \in \mathbb{R}$:

$$\int\limits_{-\pi}^{\pi} F(u) \, \mathrm{d}u = \int\limits_{c}^{c+2\pi} F(u) \, \mathrm{d}u. \tag{24}$$

Für $m = 0$ gilt

$$\frac{1}{\pi} \int\limits_{-\pi}^{\pi} f(u) \cos(mu) \, \mathrm{d}u = \frac{1}{\pi} \int\limits_{-\pi}^{\pi} f(u) \cdot 1 \, \mathrm{d}u = 2a_0.$$

Zur Vereinfachung formuliert man die Fourierreihe einer Funktion $f(x)$ als

$$f(x) \sim \frac{a_0}{2} + \sum_{m=1}^{\infty} (a_m \cos(mx) + b_m \sin(mx)) \tag{25}$$

und bestimmt a_0 aus der allgemeinen Formel. Insgesamt bestimmt man die Fourierkoeffizienten nun also durch

$$a_m = \int\limits_{-\pi}^{\pi} f(u) \cos(mu) \, \mathrm{d}u, \ (m = 0, 1, 2, ...) \tag{26}$$

$$b_m = \int\limits_{-\pi}^{\pi} f(u) \sin(mu) \, \mathrm{d}u, \ (m = 1, 2, ...). \tag{27}$$

Sei $x_0 \in \mathbb{R}$ ein fester Punkt. Dann ist die n-te Partialsumme ($n \in \mathbb{N}$) der Fourierreihe im Punkt x_0 das folgende Polynom

$$s_n(x_0) = \frac{a_0}{2} + \sum_{m=1}^{n} (a_m \cos(mx_0) + b_m \sin(mx_0))$$

$$\stackrel{(26),(27)}{=} \frac{1}{2\pi} \int\limits_{-\pi}^{\pi} f(u) \, \mathrm{d}u + \sum_{m=1}^{n} \frac{1}{\pi} \int\limits_{-\pi}^{\pi} f(u) \left(\cos(mu)\cos(mx_0) + \sin(mu)\sin(mx_0)\right) \, \mathrm{d}u$$

$$= \frac{1}{\pi} \int\limits_{-\pi}^{\pi} f(u) \left[\frac{1}{2} + \sum_{m=1}^{n} \cos(m(u - x_0))\right] \, \mathrm{d}u$$

$$\stackrel{(19)}{=} \frac{1}{\pi} \int\limits_{-\pi}^{\pi} f(u) \frac{\sin\left((2n+1)\frac{u-x_0}{2}\right)}{2 \sin\left(\frac{u-x_0}{2}\right)} \, \mathrm{d}u. \tag{28}$$

Das Integral (28) wird *Dirichletsches Integral* genannt.

Gemäß (24) kann man die Integrationsgrenzen des eben genannten Integrals verändern in

$$s_n(x_0) = \frac{1}{\pi} \int\limits_{x_0-\pi}^{x_0+\pi} f(u) \frac{\sin\left((2n+1)\frac{u-x_0}{2}\right)}{2\sin\left(\frac{u-x_0}{2}\right)} \, du.$$

Die Substitution $t := u - x_0$ und weitere Umformungen liefern

$$s_n(x_0) = \frac{1}{\pi} \int\limits_{-\pi}^{\pi} f(t+x_0) \frac{\sin\left(t\left(n+\frac{1}{2}\right)\right)}{2\sin\left(\frac{t}{2}\right)} \, dt$$

$$= \frac{1}{\pi} \int\limits_{-\pi}^{0} f(t+x_0) \frac{\sin\left(t\left(n+\frac{1}{2}\right)\right)}{2\sin\left(\frac{t}{2}\right)} \, dt + \frac{1}{\pi} \int\limits_{0}^{\pi} f(t+x_0) \frac{\sin\left(t\left(n+\frac{1}{2}\right)\right)}{2\sin\left(\frac{t}{2}\right)} \, dt$$

$$= \frac{1}{\pi} \left(\int\limits_{-\pi}^{0} f(t+x_0) \frac{\sin\left(t\left(n+\frac{1}{2}\right)\right)}{2\sin\left(\frac{t}{2}\right)} \, dt - \int\limits_{\pi}^{0} f(t+x_0) \frac{\sin\left(t\left(n+\frac{1}{2}\right)\right)}{2\sin\left(\frac{t}{2}\right)} \, dt \right)$$

$$= \frac{1}{\pi} \left(\int\limits_{-\pi}^{0} f(t+x_0) \frac{\sin\left(t\left(n+\frac{1}{2}\right)\right)}{2\sin\left(\frac{t}{2}\right)} \, dt + \int\limits_{-\pi}^{0} f(x_0-s) \frac{\sin\left(-s\left(n+\frac{1}{2}\right)\right)}{2\sin\left(\frac{-s}{2}\right)} \, ds \right)$$

$$= \frac{1}{\pi} \left(\int\limits_{-\pi}^{0} f(t+x_0) \frac{\sin\left(t\left(n+\frac{1}{2}\right)\right)}{2\sin\left(\frac{t}{2}\right)} \, dt + \int\limits_{-\pi}^{0} f(x_0-s) \frac{-\sin\left(s\left(n+\frac{1}{2}\right)\right)}{-2\sin\left(\frac{s}{2}\right)} \, ds \right)$$

$$= \frac{1}{\pi} \int\limits_{-\pi}^{0} [f(t+x_0) + f(x_0-t)] \frac{\sin\left(t\left(n+\frac{1}{2}\right)\right)}{2\sin\left(\frac{t}{2}\right)} \, dt.$$

Somit kann man die Partialsummen der Fourierreihe in Integralform darstellen. Diese Form wird verwendet, um das Verhalten der Partialsummen für n gegen Unendlich zu untersuchen.

6 Ein erster Fundamentalhilfssatz

Das letzte Kapitel beschäftigt sich mit einem wichtigen Satz, der schließlich zeigen wird, dass die Fourierreihe mit den in Kapitel 2 hergeleiteten Koeffizienten die notwendige Konvergenzbedingung erfüllt.

Es werden Integrale untersucht, die einen Parameter p im Integranden enthalten; speziell, wenn der Parameter im Argument einer sinusförmigen Funktion auftritt. Besonders interessant ist hierbei der Grenzwert des Integrals für $p \to \infty$, da beispielsweise $\sin(px)$ für $p \to \infty$ keinen Grenzwert besitzt.

Satz 2. *Ist $g(t)$ im endlichen Intervall $[a, b]$ absolut integrierbar, so gilt*

$$\lim_{p \to \infty} \int_a^b g(t) \cdot \sin(pt) \, \mathrm{d}t = 0$$

und

$$\lim_{p \to \infty} \int_a^b g(t) \cdot \cos(pt) \, \mathrm{d}t = 0.$$

Beweis. Da beide Beweise analog zueinander erfolgen, genügt es sich auf die erste Behauptung zu beschränken.

Für ein beliebiges Intervall $[\alpha, \beta]$ und $p > 0$ gilt die Abschätzung

$$\left| \int_\alpha^\beta \sin(pt) \, \mathrm{d}t \right| = \left| \frac{\cos(p\alpha) - \cos(p\beta)}{p} \right| \leq \frac{|\cos(p\alpha)| + |\cos(p\beta)|}{p} \leq \frac{2}{p}. \tag{29}$$

1. Fall: Angenommen g sei eigentlich integrierbar.

Es sei $\varepsilon > 0$ beliebig gegeben. Man teile das Invervall $[a, b]$ in $n \in \mathbb{N}$ Teilintervall mit den Randpunkten $a = t_0 < t_1 < \ldots < t_i < t_{i+1} < \ldots < t_n = b$, so dass

$$\sum_{i=0}^{n-1} \omega_{i+1} \Delta_{i+1} < \frac{\varepsilon}{2}$$

gilt, wobei ω_i die Schwankung von $g(t)$ im Intervall $[t_{i-1}, t_i]$ ist, also die Differenz zwischen dem größten und kleinsten Wert von g im i-ten Intervall und Δ_i die Intervalllänge des i-ten Intervalls ($i = 1, 2 \ldots, n$).

Weiter sei m_i das Minimum von $g(t)$ im Intervall $[t_{i-1}, t_i]$. Dann gilt $g(t) - m_i \leq \omega_i$ für alle $i = 1, 2, \ldots, n$.

Durch die Wahl der Teilintervalle kann man das Integral folgendermaßen zerlegen,

$$\left| \int_a^b g(t) \sin(pt) \, \mathrm{d}t \right| = \left| \sum_{i=0}^{n-1} \int_{t_i}^{t_{i+1}} g(t) \sin(pt) \, \mathrm{d}t \right|$$

$$= \left| \sum_{i=0}^{n-1} \int_{t_i}^{t_{i+1}} [g(t) - m_{i+1}] \sin(pt) \, \mathrm{d}t + \sum_{i=0}^{n-1} m_{i+1} \int_{t_i}^{t_{i+1}} \sin(pt) \, \mathrm{d}t \right|$$

$$\leq \left| \sum_{i=0}^{n-1} \int_{t_i}^{t_{i+1}} \underbrace{[g(t) - m_{i+1}]}_{\leq \omega_{i+1}} \sin(pt) \, \mathrm{d}t \right| + \left| \sum_{i=0}^{n-1} m_{i+1} \underbrace{\int_{t_i}^{t_{i+1}} \sin(pt) \, \mathrm{d}t}_{\leq \frac{p}{2}} \right|$$

$$\leq \sum_{i=0}^{n-1} \omega_{i+1} \int_{t_i}^{t_{i+1}} \underbrace{|\sin(pt)|}_{\leq 1} \, \mathrm{d}t + \sum_{i=0}^{n-1} \frac{2|m_{i+1}|}{p}$$

$$= \sum_{i=0}^{n-1} \omega_{i+1} \underbrace{(t_{i+1} - t_i)}_{=: \Delta_{i+1}} + \sum_{i=0}^{n-1} \frac{2|m_{i+1}|}{p}$$

$$< \frac{\varepsilon}{2} + \sum_{i=0}^{n-1} \frac{2|m_{i+1}|}{p}$$

Da man den Grenzwert für $p \to \infty$ betrachten will, kann p so gewählt werden, dass

$$p > \frac{4}{\varepsilon} \sum_{i=0}^{n-1} |m_{i+1}| \Leftrightarrow \frac{2}{p} \sum_{i=0}^{n-1} |m_{i+1}| < \frac{\varepsilon}{2}$$

gilt. Dann folgt für das Intergral

$$\left| \int_a^b g(t) \cdot \sin(pt) \, \mathrm{d}t \right| < \varepsilon \tag{30}$$

für beliebiges $\varepsilon > 0$, also

$$\lim_{p \to \infty} \int_a^b g(t) \cdot \sin(pt) \, \mathrm{d}t = 0.$$

2. *Fall:* $g(t)$ ist uneigentlich integrierbar, dann hat die Funktion im Intervall $[a, b]$ mindes-

tens eine Singularität. Existieren mehrere Singularitäten, so kann man das Integrations-
intervall in Teilintervalle zerlegen, die je einen singulären Punkt enthalten und verfährt
analog zu den folgenden Überlegungen.

Es sei $\delta > 0$ beliebig gegeben und $\varepsilon = \frac{\delta}{2}$.

Angenommen die Funktion g hat eine Singularität im Punkt $b \in \mathbb{R}$. Es sei $\eta \in (0, b-a)$.
Es folgt

$$\left| \int_a^b g(t) \cdot \sin(pt) \, dt \right| \leq \underbrace{\left| \int_a^{b-\eta} g(t) \cdot \sin(pt) \, dt \right|}_{<\varepsilon \text{ nach (30)}} + \left| \int_{b-\eta}^b g(t) \cdot \sin(pt) \, dt \right|$$

$$< \varepsilon + \int_{b-\eta}^b |g(t)| \cdot \underbrace{|\sin(pt)|}_{\leq 1} \, dt \leq \varepsilon + \int_{b-\eta}^b |g(t)| \, dt < 2\varepsilon =: \delta.$$

Das erste Teilintegral enthält keine Singularität, also kann der 1. Fall des Beweises ange-
wendet werden. Das letzte Integral existiert, da g laut Voraussetzung absolut integrierbar
ist. Für hinreichend kleine η wird das zweite Teilintegral kleiner als $\varepsilon > 0$, für hinreichend
großes p wird also das gesamte Integral kleiner als $\delta > 0$. Es folgt die Behauptung. □

Folgerung. Aus dem soeben bewiesenen Satz folgt, dass die Fourierkoeffizienten

$$a_m = \frac{1}{\pi} \int_{-\pi}^{\pi} f(u) \cos(mu) \, du \quad (m = 0, 1, 2, ...)$$

$$b_n = \frac{1}{\pi} \int_{-\pi}^{\pi} f(u) \sin(nu) \, du \quad (n = 1, 2, ...)$$

für unbegrenzt wachsende Indizes gegen Null streben. Damit ist die notwendige Konvergenzbedingung für unendliche Reihen erfüllt.

Quellen

- Fichtenholz, G. M.: „Differentialrechnung und Integralrechnung", 3. Band

- Mathe Online, Mathematische Hintergründe, Fourierreihen
  (http://www.mathe-online.at/mathint/fourier/i.html)

- http://de.wikipedia.org/wiki/Fourierreihe

- Mathematical Engineering
  (http://me-lrt.de/reelle-fourieranalyse-fourierreihenentwicklung)